Kirstin Jebautzke

54 schnelle Englisch-Spiele für den Anfangsunterricht

Inhalt

Hinweis: Wenn Flashcards (= größeres Format) bzw. Bild-/Wortkarten (= kleines Format) eingesetzt werden, sollte darauf geachtet werden, dass die Rückseite der Karten blanko ist.

Flashcard reading

1

▶ Konzentration/ Wahrnehmung ▶ Wortschatzwiederholung ▶ Chorisches Sprechen	Redemittel: Einzelwörter	Material: ca. 10 – 15 Flashcards nach Wahl (Bilder und/oder Wörter)

Die Lehrkraft steht vor der Klasse. Alle Kinder sollten die Karten, die von ihr in schneller Folge in die Höhe gehalten werden, gut sehen können. Sobald die Kinder das Motiv erkennen bzw. das Wort (wiedererkennend) lesen, sprechen sie das Wort aus. Es wird im Chor gesprochen, was insbesondere lernschwächeren Kindern die Teilnahme erleichtert, denn sie können mitsprechen.
Es ist förderlich, wenn die Kinder bei dieser Aufgabe stehen.

Hinweis: Bei dieser Form des *Flashcard reading* ist es nicht wichtig, dass die Karten „ordentlich" gehalten werden. Wichtig ist eine sehr schnelle Folge. Dafür dürfen die Karten auch seitwärts oder auf dem Kopf stehend in die Höhe gehalten werden. Es geht um „Erkenntnisblitze", nicht um ein genaues Bestimmen oder Lesen. Je schneller die Karten in die Höhe gehalten werden, umso mehr Spaß macht das Spiel. Der Kartensatz kann auch mehrfach durchlaufen werden.

Pointer

2

▶ Wahrnehmung ▶ Hörverstehen ▶ Wortschatzwiederholung	Redemittel: *Point to …* *Where is …?* Einzelwörter	Material: ca. 10 Flashcards nach Wahl (Bilder und/oder Wörter)

An einer Tafel (ggf. auch digital) oder in der Mitte eines Stuhlkreises werden Flashcards vorgestellt. Je nach Leistungsstärke der Klasse kann es hilfreich sein, die Karten einzeln zu benennen, während sie nacheinander ausgebreitet werden. Dabei benennt die ganze Gruppe gemeinsam mit der Lehrkraft das Wort, das auf der Karte als Bild zu sehen oder als Wort zu lesen ist.
Anschließend fordert die Lehrkraft die Klasse auf, auf einzelne Motive/Wörter zu zeigen *(Point to …)* oder fragt, wo sich ein Motiv/Wort befindet *(Where is …?)*. Alle Kinder zeigen mit dem ausgestreckten Arm gleichzeitig auf das Wort. Es muss an dieser Stelle nicht gesprochen werden.

Spielvarianten: Einzelne Kinder übernehmen die Rolle des Spielleiters oder es wird in Form einer Kette gespielt, d. h., der Spielleiter fordert ein Kind auf, auf eine Karte zu zeigen, das wiederum fordert ein anderes Kind auf usw.

Roundabout

3

▸ Wortschatzwiederholung	Redemittel: Einzelwörter	Material: Würfel, Setzsteine, Bildkarten

Die Kinder spielen in Gruppen von drei bis vier Spielern. In jeder Gruppe werden ca. 20 Bildkarten in einem Kreis nebeneinander ausgelegt. Jedes Kind in der Gruppe setzt seine Spielfigur auf eine Bildkarte seiner Wahl. Das Kind, das die höchste Zahl würfelt, beginnt. Danach wird im Uhrzeigersinn weitergespielt. Es werden so viele Felder gesetzt, wie der Würfel anzeigt. Die Bildkarte, auf der man landet, muss von dem Kind benannt werden. Gelingt dies, darf der Spielstein dort stehen bleiben und das nächste Kind würfelt. Kann die Karte nicht benannt werden, muss das Kind zum Ausgangspunkt dieses Würfelvorgangs zurück.
Es gibt bei diesem Spiel keinen Gewinner – gespielt wird gegen die Uhr. Welche Gruppe kann die meisten Wörter in einer Spielrunde benennen?

Spielvariante 1: Einzelne Karten werden gegen sogenannte *Action cards* ausgetauscht, d. h., an dieser Stelle müssen die Kinder eine Bewegung ausführen, die vorher in der Gruppe vereinbart wurde.

Spielvariante 2: Die Spielkarten, die bereits benannt wurden, werden umgedreht. Kommt ein anderes Kind auf diese Karte, muss es aus der Erinnerung sagen, was darauf zu sehen ist.

Pass it on

4

▸ Konzentration ▸ Wortschatzeinführung ▸ Wortschatzwiederholung	Redemittel: Einzelwörter *This is a/an …*	Material: Flashcards oder kleine Bildkarten bzw. Gegenstände

Die Klasse sitzt im Stuhlkreis. Die Lehrkraft zeigt und benennt zunächst die Bilder oder Gegenstände, die herumgegeben werden sollen, ggf. sprechen die Kinder einzeln oder chorisch nach.
Anschließend wird die erste Karte von der Lehrkraft nach links an das dort sitzende Kind weitergegeben. Dabei wendet sich die Lehrkraft dem Kind zu und spricht das Wort deutlich vor. Das Kind nimmt die Karte entgegen, wendet sich nach links, reicht die Karte an das nächste Kind weiter und spricht dabei das Wort deutlich. So wandert die Karte durch den Stuhlkreis, jedes Kind spricht das Wort deutlich aus.
Wenn die Karte vom fünften oder sechsten Kind weitergegeben wird, schickt die Lehrkraft die nächste Karte in die Runde. Dies wird wiederholt, sodass ungefähr vier bis fünf Karten im Umlauf sind.

Spielvariante: Die Lehrkraft schickt vereinzelt Karten auch gegen den Uhrzeigersinn in die Runde, was die Aufmerksamkeit der Kinder erhöht, weil Karten nach links bzw. rechts weitergegeben werden müssen.

Snap

5

▶ Konzentration ▶ Wortschatzwiederholung	Redemittel: Einzelwörter	Material: kleine Bildkarten (jedes Motiv doppelt)

Die Karten werden gemischt und gleichmäßig auf drei bis vier Spieler aufgeteilt. Jedes Kind legt seine Karten mit dem Motiv nach unten als Stapel vor sich. Das jüngste Kind beginnt. Es deckt die oberste Karte auf und legt sie offen neben seinen Stapel. Anschließend deckt das nächste Kind die oberste Karte auf und legt sie ebenfalls offen neben seinen Stapel. Sind beide Motive identisch, muss *Snap* gerufen werden. Wem dies am schnellsten gelingt, darf beide Karten nehmen und zur Seite legen. Allerdings muss er das Motiv vorher benennen. Kann er das Motiv nicht benennen, bleiben die Karten liegen.
Sukzessive wird so jeweils die oberste Karte des eigenen Stapels aufgedeckt. Damit hat jedes Kind zwei Stapel Karten vor sich liegen. Wird an der falschen Stelle S*nap* gerufen, werden alle Karten, die aufgedeckt vor dem Kind liegen, aus dem Spiel genommen. Zu diesen Karten kann also kein „Partner" mehr gefunden werden. Ist der Stapel mit den verdeckten Karten von einem Kind aufgebraucht, dreht es seinen Stapel mit den sichtbaren Motiven um und das Spiel kann weitergehen. Das Spiel ist beendet, sobald ein Spieler keine Karten mehr hat bzw. es keine Partnerkarten mehr gibt. Wer dann die meisten Paare *gesnapt* hat, hat gewonnen.

Spielvariante: Wenn anstelle von *Snap* das Motiv sofort benannt werden muss, wird das Spiel noch etwas schwerer.

Slam

6

▶ Konzentration ▶ Wortschatzwiederholung	Redemittel: Einzelwörter	Material: Bildkarten oder Flashcards 3–4 Fliegenklatschen

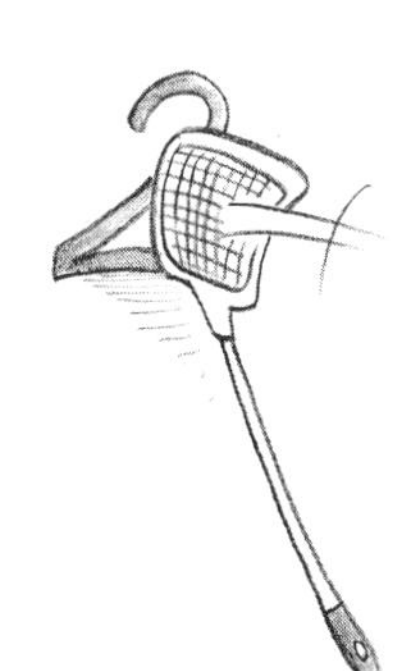

Die Bildkarten werden mit dem sichtbaren Motiv nebeneinander auf dem Tisch verteilt. Ein Kind ist der Spielleiter und benennt ein Motiv. Die anderen drei bis vier Kinder in der Gruppe haben alle eine Fliegenklatsche in der Hand und versuchen, möglichst schnell damit auf das genannte Motiv zu schlagen. Einen Punkt bekommt, wem dies als Erstes gelingt. Nach fünf bis acht Punkten, je nach Vereinbarung, wechseln die Rollen, d.h., ein anderes Kind wird zum Spielleiter.

Spielvariante 1: Es wird mit Bild- und Wortkarten gespielt, wobei dann die Möglichkeit für zwei Kinder besteht, einen Punkt in einer Runde zu bekommen (einmal für ein Wort, einmal für ein Bild).

Spielvariante 2: Nach jeder Spielrunde werden die Karten neu gemischt, um die Orientierung zu erschweren.

Take a card

7

▸ Hörverstehen ▸ Wortschatzwiederholung	Redemittel: Einzelwörter *Classroom phrases*	Material: Flashcards

In der Mitte eines Stuhlkreises werden Flashcards ausgelegt. Je nach Leistungsstärke der Klasse kann es hilfreich sein, die Karten einzeln zu benennen, während sie nacheinander ausgebreitet werden. Dabei benennt die ganze Gruppe gemeinsam mit der Lehrkraft das Wort, das auf der Karte als Bild zu sehen ist.
Anschließend fordert die Lehrkraft ein einzelnes Kind auf, eine bestimmte Karte zu nehmen und mit dieser etwas zu machen, z. B.: *„Put it in your schoolbag.", „Give it to X.", „Put it next to the card that shows ..."* Ist das Erzählmuster nach ein paar Spielrunden verstanden, wechseln die Kinder in die Rolle des Spielleiters, d. h. nachdem ein Kind eine Karte genommen und die Anweisung ausgeführt hat, ruft es das nächste Kind auf.

Spielvariante: Wenn nur mit einer kleinen Anzahl von Karten gespielt wird, stellt es eine Herausforderung dar, sich zu merken, wohin die Karten gelegt wurden, denn nur dann kann das Spiel fortgesetzt werden.

Stop!

8

▸ Konzentration ▸ Wahrnehmung	Redemittel: Einzelwörter	Material: Flashcards (Bild oder Wort)

Zu Beginn jeder Spielrunde nennt der Spielleiter ein Wort. Anschließend werden die Flashcards in schneller Reihenfolge gezeigt. Sobald das gesuchte Motiv bzw. Wort zu sehen ist, muss die Gruppe *Stop!* rufen.
Die Rolle des Spielleiters kann anschließend von einem Kind übernommen werden.

Pictionary

9

▸ Wahrnehmung ▸ Wortschatzwiederholung	Redemittel: Einzelwörter *What is it?*	Material: Bild- oder Wortkarten (Flashcards) Tafel

Einem Kind wird eine Bild- oder Wortkarte gezeigt. Anschließend zeichnet es den Begriff an die Tafel. Wer die Lösung am schnellsten errät, darf das nächste Wort zeichnen.

Dieses Spiel eignet sich auch als Wettbewerbsspiel zwischen zwei Gruppen.

What's missing?

10

▸ Konzentration ▸ Gedächtnisschulung ▸ Wortschatzwiederholung	Redemittel: Einzelwörter *What's missing?*	Material: Flashcards Tafel oder Whiteboard

Bei diesem Spiel handelt es sich um ein klassisches Kim-Spiel:
Die Lehrkraft zeigt mehrere Bildmotive an der Tafel. Es bietet sich an, diese an eine Tafelhälfte zu heften, die zugeklappt werden kann. Alternativ kann auch das Whiteboard genutzt werden.
Die Schüler prägen sich die Motive ein, ggf. können die Bilder zunächst alle benannt werden. Anschließend wird die Tafel halb zugeklappt oder die Kinder schließen kurz die Augen. Die Lehrkraft entfernt eine oder zwei Flashcards und klappt die Tafel wieder auf bzw. die Kinder öffnen die Augen. Welches Kind kann das Motiv / die Motive benennen, die fehlen?

Hinweis: Es bietet sich an, dass mehrere Kinder ihre Lösung nennen, um jede Spielrunde etwas mehr auszukosten.

Repeat

11

▸ Konzentration ▸ Wortschatzwiederholung	Redemittel: Einzelwörter	Material: Flashcards (Bild oder Wort)

Alle Kinder stehen. Der Spielleiter zeigt eine Flashcard und sagt dazu ein Wort. Stimmen das genannte Wort und das Motiv bzw. das geschriebene Wort überein, müssen die Kinder das Wort wiederholen. Ist keine Übereinstimmung vorhanden, darf nichts gesagt werden. Kinder, die trotzdem etwas sagen, müssen sich hinsetzen. Wer am längsten stehen bleibt, ist in der nächsten Runde der Spielleiter.

Guessing game

12

▸ Konzentration ▸ Abc	Redemittel: *Is it the …? – Yes, it is. / No, it isn't.* *Have you got the …? – Yes, I have. / No, I haven't.*	Material: Flashcards

Die Hinführung zum Spiel kann eine Präsentation der Flashcards, aber auch die Durchführung des Spiels „Flashcard reading" (Nr. 1) sein. Wichtig ist, dass die Kinder wissen, welche Flashcards den Wörterpool für das Spiel bilden. Die Lehrkraft wählt eine Karte aus und legt diese zur Seite, ohne dass die Kinder das Motiv erkennen können. Anschließend versuchen die Kinder zu erraten, um welche Karte es sich handelt. Das Kind, das als Erstes das Motiv errät, ist der Spielleiter der nächsten Runde.

Swap

13

▶ Konzentration ▶ Abc	Redemittel: Einzelwörter *I've got a(n) …* *Here you are. – Thank you.*	Material: Flashcards oder kleine Bildkarten

Jedes Kind erhält eine Bild- oder Wortkarte. Die Kinder bewegen sich frei im Raum und ihre Aufgabe ist es, mit möglichst vielen Kindern die Karte zu tauschen. Dabei stellen sie ihr Motiv jeweils dem Partner vor und tauschen anschließend die Karten. Mit der neuen Karte gehen sie anschließend zum nächsten Kind.

Hinweis: Etwas geordneter läuft dieses Spiel in Form eines Karussells ab, d. h., die Kinder bilden paarweise einen Kreis, sodass ein Innen- und ein Außenkreis entstehen. Die Paare stehen sich jeweils gegenüber, stellen ihr Motiv vor und tauschen ihre Karten. Anschließend geht der Innenkreis einen Schritt nach links, der Außenkreis einen Schritt nach rechts. Dadurch stehen die Kinder einem neuen Partner gegenüber und das Vorstellen und Austauschen der Karten kann erneut durchgeführt werden.

King/Queen of memory

14

▶ Gedächtnistraining ▶ Wortschatzwiederholung	Redemittel: Einzelwörter	Material: Flashcards Tafel oder Whiteboard

Auch dieses Spiel zählt zu den klassischen Kim-Spielen:
Die Lehrkraft zeigt mehrere Bildmotive an der Tafel. Es bietet sich an, diese an eine Tafelhälfte zu heften, die zugeklappt werden kann. Alternativ kann auch das Whiteboard genutzt werden. Die Schüler prägen sich die Motive ein, ggf. können alle Bilder zunächst benannt werden. Anschließend wird die Tafel zugeklappt. Welches Kind kann sich an die meisten Motive erinnern?

Spielvariante 1: Um dem Spiel einen Wettbewerbscharakter zu geben, können drei Kinder um die Rolle *King/Queen of memory* in einen Wettstreit treten. Zwei Kinder müssen dann den Raum verlassen, damit sie nicht mithören können, welche Wörter das erste Kind sagt.

Spielvariante 2: Wenn die Kinder den Wortschatz bereits schriftlich festhalten können, kann das Spiel auch schriftlich durchgeführt werden, d. h., jedes Kind schreibt so viele Wörter wie möglich aus dem Gedächtnis auf. Je nach Lernstand kann dabei die richtige Schreibung als Wertungskriterium mit einbezogen werden.

Match

15

▶ Gruppenbildung ▶ Wortschatzwiederholung	Redemittel: *Have you got a(n) …? –* *Yes, I have. / No, I haven't.*	Material: Bild- oder Wortkarten (jedes Motiv in der geplanten Gruppengröße)

Ziel dieses Spiels ist es, Gruppen für eine Gruppenarbeit zu ermitteln. Das Spiel kann aber auch ohne diese Weiterführung gespielt werden.

Jedes Kind erhält eine Bild- oder Wortkarte. Aufgabe der Kinder ist es, durch Fragen herauszufinden, wer eine Karte mit demselben Thema hat, z. B. *school things, pets, food, clothes …*
Die Kinder bewegen sich frei im Raum und versuchen, durch eine Frage herauszufinden, wer zur Gruppe gehört. Die Kinder sollen sich ihre Karten erst zeigen, nachdem die Frage und die Antwort formuliert wurden.

Pairs

16

▶ Gedächtnistraining ▶ Wortschatzwiederholung	Redemittel: *This is a … (and that is a …).*	Material: Bild- und Wortkarten

Je nach Anzahl der Karten, die paarweise in Form einer Bild- und Wortkarte vorliegen, bilden bis zu vier Kinder eine Spielgruppe.
Kind 1 deckt zunächst zwei Karten gut sichtbar für alle auf. Dabei benennt es das Motiv bzw. liest das Wort vor: „*This is a(n) … and that is a(n) …*" Passen die beiden Karten zusammen, darf das Kind die beiden Karten behalten und die nächsten beiden aufdecken. Passen die beiden Karten nicht zusammen, müssen sie wieder umgedreht werden und Kind 2 deckt zwei Karten nacheinander auf.
Gewonnen hat, wer am Ende die meisten Paare einsammeln konnte.

<ins>Spielvariante</ins>: Das Spiel kann auch nur mit Bildkartenpaaren gespielt werden, wenn das Schriftbild noch nicht eingeführt worden ist.

Bluff

17

▶ Wortschatzwiederholung	Redemittel: *I've got a(n) …*	Material: kleine Bildkarten (Rückseite blanko)

Die Kinder spielen paarweise gegeneinander, es kann auch in Dreiergruppen gespielt werden. Jedes Kind erhält dieselbe Anzahl an Spielkarten.
Spieler 1 legt seine erste Karte verdeckt auf den Tisch und formuliert dazu eine Aussage, z. B. *„I've got a book."*
Spieler 2 muss jetzt entscheiden, ob er dem Spieler glaubt oder ob die Aussage falsch ist. Glaubt er dem Spieler, legt er ebenfalls eine Spielkarte verdeckt auf den Tisch und formuliert seinerseits eine Aussage. Glaubt er dem Mitspieler nicht, sagt er: *„Bluff!"*
Die Spielkarte wird dann umgedreht und die Aussage überprüft. Passen Aussage und Bild überein, muss der Spieler, der *„Bluff!"* gesagt hat, eine Strafkarte von seinem Nachbarn ziehen. Stimmt die Aussage nicht mit dem Bild überein, muss der Spieler, der die Karte gelegt hat, eine Strafkarte ziehen. Gewonnen hat, wer als Erstes keine Karten mehr hat.

Hinweis: Es ist spielförderlich, wenn sich die Kinder zunächst gemeinsam die Spielkarten ansehen und die Motive benennen.

Musical chairs

18

▶ Bewegung ▶ Wortschatzwiederholung	Redemittel: Einzelwörter	Material: Flashcards (Bild oder Wort), Musik, Stühle

Die Stühle werden so nebeneinander aufgereiht, dass man sich jeweils nur auf jeden zweiten setzen kann, wenn man vor der Reihe steht.

Auf jedem Stuhl liegt sichtbar eine Flashcard. Während die Musik spielt, gehen die Kinder hintereinander im Takt um die Stühle herum. Niemand darf stehen bleiben oder das Gehen verzögern.
Zu Beginn des Spiels wird eine „Siegerkarte" vereinbart. Stoppt die Musik, müssen sich alle Kinder möglichst schnell hinsetzen und die Flashcard benennen, die auf ihrem Stuhl liegt. Nur dann dürfen sie weiterspielen. Wer beim Stoppen der Musik auf dem Stuhl mit der „Siegerkarte" zum Sitzen kommt, erhält einen Punkt.
Achtung: Scheidet ein Kind aus, weil es das Motiv nicht benennen kann, muss für die nächste Spielrunde ein Stuhl entfernt werden.

Spielvariante 1: Es werden drei Karten mit „Siegerpunkten" versehen (Platz 3 = 1 Punkt, Platz 2 = 2 Punkte, Platz 1 = 3 Punkte).

Spielvariante 2: Es wird ein Stuhl weniger aufgestellt als Kinder mitspielen. Das Kind, das beim Stoppen der Musik keinen Sitzplatz findet, scheidet aus.

Bingo

19

▸ Konzentration ▸ Hörverstehen	Redemittel: Einzelwörter	Material: Bild- oder Wortkarten für jedes Kind

Beim klassischen Bingo geht es darum, auf einem Spielfeld mit aufgedruckten Zahlen, die in Reihen und Spalten angeordnet sind, Plättchen so auf die Zahlen zu legen, dass möglichst schnell eine Reihe oder eine Spalte abgedeckt ist. Die Zahlen, die abgedeckt werden dürfen, werden von einem Spielleiter gezogen und ausgerufen. Wer zuerst eine Reihe oder eine Spalte vollständig belegen kann, ruft *„BINGO!“* und hat das Spiel gewonnen.

Bei dieser vereinfachten Form werden aus einem kleinen Kartenpool von jedem Kind fünf Bildkarten ausgewählt und so vor sich auf den Tisch gelegt, dass das Motiv sichtbar ist. Der *„Bingo master“* ruft einzeln nacheinander Wörter auf, die aus demselben Kartenpool stammen. Hat ein Kind die genannte Karte, dreht es diese vor sich um. Sobald es alle fünf Karten umdrehen konnte, ruft es *„BINGO!“* und hat die Spielrunde gewonnen. Es ist dann der nächste *„Bingo master“*. Die Kinder können entscheiden, ob sie in der nächsten Spielrunde mit denselben Karten weiterspielen möchten oder aus ihrem Pool andere Karten nutzen.

Fireball

20

▸ Konzentration ▸ Wortschatzwiederholung (Zahlen)	Redemittel: Zahlwörter	Material: Ball

Die Kinder stellen sich im Kreis auf. Ziel des Spiels ist es, die Zahlenreihe bis 10 oder bis 20 der Reihe nach aufzusagen. Die Lehrkraft sagt die erste Zahl und wirft einem Kind den Ball zu. Dies sagt die nächste Zahl und wirft den Ball möglichst schnell (= *Fireball*) an das nächste Kind weiter, das die nächste Zahl sagt usw.
Wird der Ball nicht gefangen oder wird die falsche Zahl gesagt, beginnt das Zählen wieder bei eins.

Spielvariante 1: Es kann auch rückwärtsgezählt werden.

Spielvariante 2: Es können auch Rechenaufgaben formuliert werden, die dann vom Fänger ausgerechnet werden müssen. Bevor der Ball weitergeworfen wird, muss dann jeweils eine neue Aufgabe formuliert werden.

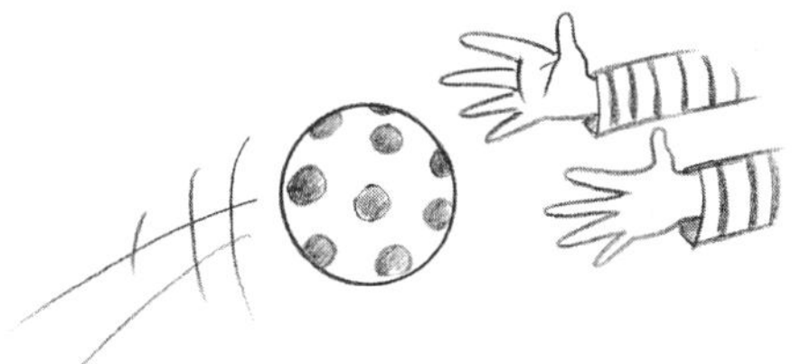

Oops

21

▶ Konzentration ▶ Wiederholung der Zahlwörter	Redemittel: Zahlwörter	Material: –

Es bietet sich an, dieses Spiel im Stuhl- oder Stehkreis durchzuführen, wobei das nicht zwingend erforderlich ist.

Im Vorfeld wird vereinbart, welche Zahl in der Spielrunde nicht genannt werden darf und damit zum „*Oops*“ wird. Ist dies z. B. *three*, dürfen Zahlen, die *three* enthalten bzw. durch drei teilbar sind, nicht genannt werden, sondern stattdessen muss „*Oops*“ gesagt werden. Macht das betreffende Kind einen Fehler, scheidet es aus und das Zählen beginnt beim nächsten Kind von vorn. Gemeinsames Ziel ist es, möglichst weit zu zählen.

Beispiel:
one – two – oops – four – five – oops – seven – eight – oops – ten – eleven – oops – oops – fourteen – oops – sixteen – seventeen – oops – nineteen – twenty – oops – twenty-two – oops – oops – twenty-five – twenty-six – oops – twenty-eight – twenty-nine – oops – oops – oops – …

Atom five

22

▶ Hörverstehen (Zahlen)	Redemittel: Zahlwörter	Material: Musik

Die Kinder bewegen sich frei zur Musik im Raum. Immer wenn die Lehrkraft die Musik stoppt und eine „Atom-Zahl“ nennt, müssen sich die Kinder möglichst schnell in Gruppen in der angesagten Größe zusammenfinden, also z. B. bei „*Atom five*“ in 5er-Gruppen.
Wenn das Spiel bekannt ist, kann auch ein Kind Spielleiter sein.

Number fight

23

▸ Wiederholung der Zahlwörter	Redemittel: Zahlwörter	Material: Papier (kleine Zettel) Stift

Dieses Spiel wird als Partnerspiel durchgeführt.
Jedes Kind schreibt die Ziffern von 1 bis 10 einzeln auf kleine Zettel. Anschließend mischt jedes Kind seine Zifferkarten.
Auf ein gemeinsames Kommando, z. B. *„Ready – steady – go!“*, zieht jeder Spieler eine seiner Karten und benennt diese. Derjenige, dessen Zahl größer ist, erhält die Ziffernkarte des Spielpartners. Wer am Ende des Spiels die meisten Ziffernkarten hat, gewinnt.

What time is it?

24

▸ Reaktionsfähigkeit ▸ Hörverstehen (Zahlen)	Redemittel: Zahlwörter *What time is it? – It's …*	Material: 3–4 Fliegenklatschen

Die Lehrkraft schreibt die Ziffern von 1 bis 12 kreuz und quer an die Tafel.
Die Kinder bilden Mannschaften mit drei bis vier Mitgliedern.
Jede Mannschaft stellt sich mit etwas Abstand zur Tafel hintereinander auf. Das erste Kind in jeder Gruppe hält eine Fliegenklatsche in der Hand. Auf ein Kommando stellen die Gruppenersten die Frage: *„What time is it?“* Die Lehrkraft antwortet: *„It's … o'clock.“* Daraufhin müssen die Gruppenersten möglichst schnell mit der Fliegenklatsche auf die betreffende Zahl an der Tafel schlagen. Wem dies am schnellsten gelingt, erhält für seine Gruppe einen Punkt.
Anschließend werden die Fliegenklatschen an das jeweils nächste Kind in der Gruppe weitergereicht. Die Gruppe, die am Ende des Spiels die meisten Punkte hat, hat gewonnen.

<ins>Spielvariante</ins>: Wenn die Zahlen in einem größeren Zahlenraum bekannt sind, können auch Additions- oder Subtraktionsaufgaben von der Lehrkraft formuliert werden. Die Zahlen an der Tafel müssen entsprechend angepasst werden.

Magic numbers

25

▶ Konzentration ▶ Bewegung ▶ Wiederholung der Zahlwörter	Redemittel: Zahlwörter	Material: –

Die Klasse verständigt sich auf eine *magic number.* Je nach Klassensituation kann diese an der Tafel notiert werden.
Der Spielleiter nennt anschließend verschiedene Zahlen. Ist die genannte Zahl größer als die magische Zahl, müssen die Kinder aufstehen, ist sie kleiner, müssen sie sich neben ihren Stuhl hocken, ist die Zahl gleich, bleiben die Kinder auf ihrem Stuhl sitzen.
Wenn das Spiel bekannt ist, kann auch ein Kind die Rolle des Spielleiters übernehmen.

Ro sham bo

26

▶ Bewegung ▶ Wiederholung der Zahlwörter	Redemittel: Zahlwörter *Ro sham bo*	Material: –

Dieses Spiel kann als Paar oder in Dreiergruppen gespielt werden und bietet sich auch als Teamwettbewerb an.
Das Paar bzw. die Dreiergruppe steht sich gegenüber. Gemeinsam überlegen sie sich eine Zahl, die es in der Spielrunde zu erreichen gilt (bei zwei Spielern maximal 10, bei drei Spielern maximal 15).

Analog zum deutschen „Schnick, schnack, schnuck“ sagen die Kinder *Ro sham bo*, während sie dabei eine Hand als Faust vor dem Körper hin- und herbewegen. Sobald sie das Wort *bo* gemeinsam sprechen, öffnen sie die Faust und jedes Kind zeigt (ohne vorherige Absprache!) mit den Fingern eine Zahl an und benennt sie auf Englisch. Wurde die vereinbarte Zahl erreicht, erhält die Gruppe einen Punkt. Wie viele Versuche werden gebraucht, um die vereinbarte Zahl zu erreichen?

Giddy-up

27

▶ Bewegung ▶ Hörverstehen ▶ Wiederholung der Zahlwörter	Redemittel: Einfache Rechenaufgaben	Material: –

Die Kinder werden in zwei gleich große Gruppen geteilt. Jedes Kind erhält eine Nummer, z. B. werden bei 20 Kindern die Zahlen von 1 bis 10 zweimal vergeben. Jede Gruppe stellt sich geordnet von 1 bis 10 nebeneinander auf. Dabei stehen die Gruppen mit Abstand zueinander und in der Mitte zwischen ihnen steht der Spielleiter.
Der Spielleiter formuliert die erste Aufgabe, z. B.: „4 – 2 = x". Jedes Kind rechnet für sich das Ergebnis aus. Das Kind, das die Ergebniszahl „trägt", muss möglichst schnell zum Spielleiter laufen. Wer diesen zuerst berührt, erhält für seine Gruppe einen Punkt. Die Gruppe, die nach einer vereinbarten Anzahl von Spielrunden (= Rechenaufgaben) die meisten Punkte hat, gewinnt.

Thumbs up

28

▶ Hörverstehen ▶ Wiederholung der Zahlwörter	Redemittel: Einfache Rechenaufgaben	Material: –

Die Kinder setzen sich bequem auf ihren Stuhl und legen ihren Kopf an ihrem Tisch auf einen Arm. Der andere Arm hängt locker nach unten.

Der Spielleiter formuliert einfache Rechenaufgaben und auch das Ergebnis. Ist dieses richtig, heben die Kinder den herunterhängenden Arm und halten den Daumen zum Einverständnis nach oben. Stimmt das genannte Ergebnis nicht, bleibt der Arm unten.

Coding

29

▶ Bewegung ▶ Wiederholung der Zahlwörter in Schriftform	Redemittel: *What number is it? –* *It's number …*	Material: Würfel, Tafel, bunte Kreide, Zahlwörter in Schriftform (1–6 oder 1–12)

Die Klasse wird in Dreier- oder Vierergruppen eingeteilt. Jede Gruppe sitzt auf dem Boden hintereinander wie in einem Bob. An der Tafel stehen die Zahlwörter in Schriftform von eins bis sechs (wenn mit einem Würfel gespielt wird) oder von eins bis zwölf (wenn mit zwei Würfeln gespielt wird). Jeder Gruppe wird eine farbige Kreide / ein farbiger Stift zugeordnet und jede Gruppe erhält einen oder zwei Würfel.
Das Kind, das ganz hinten sitzt, würfelt, notiert die gewürfelte Zahl und klopft dem Vordermann diese Zahl auf den Rücken. Dieser klopft seinem Vordermann die gespürte Zahl auf den Rücken und dieser wiederum seinem Vordermann. Das Kind, das ganz vorn „im Bob" sitzt, muss, nachdem es die Klopfzeichen erhalten hat, aufstehen, und in der richtigen Farbe beim passenden Zahlwort einen Strich machen. Anschließend setzt es sich nach hinten und das *Coding* beginnt von vorn.
Nach einer vereinbarten Zeit werden die Würfelzahlen mit den Strichen an der Tafel verglichen. Die Gruppe, die die meisten *Codes* richtig übermitteln konnte, hat gewonnen.

Hinweis: Es bietet sich an, das Spiel am Anfang immer zunächst nur mit einem Würfel durchzuführen.

Mister X

30

▶ Konzentration ▶ Wiederholung der Zahlwörter	Redemittel: *Is it number …? –* *Yes, it is. / No, it isn't.* *It's more than … /* *It's less than …*	Material: Tafel

Der Spielleiter schreibt eine Ziffer verdeckt an die Tafel. Der Zahlenraum ist allen Spielern bekannt.
Durch Fragen versuchen die Kinder herauszufinden, um welche Zahl (= *Mister X*) es sich handelt: *„Is it number …?"* Der Spielleiter muss dabei jede Antwort kommentieren bzw. einen Hinweis geben: *„Yes, it is. / No, it isn't. It's more/less than …"*
Das Kind, das *Mister X* zuerst enttarnt, wird der nächste Spielleiter.

Telephone call

31

▸ Konzentration ▸ Hörverstehen	Redemittel: Zahlen von 0 bis 9 *I'm calling … – This is …*	Material: Zettel mit fiktiven Telefonnummern, Liste mit den Telefonnummern

Jedes Kind erhält einen Zettel mit einer Telefonnummer. Der Spielleiter erhält eine Liste mit eben diesen Telefonnummern. Seine Aufgabe ist es herauszufinden, welches Kind sich hinter jeder Nummer verbirgt.
Der Spielleiter „wählt" eine Telefonnummer, indem er diese Ziffer für Ziffer laut und deutlich ausspricht. Sind alle Ziffern gesagt, ruft er: *„Ring, ring!"* Erkennt ein Kind seine Nummer, meldet es sich mit *„Hello! This is …"* und wiederholt die Nummer. Stimmen die beiden Zahlenkombinationen überein, wiederholt sich der Vorgang mit einer neuen Nummer.

Spielvariante 1: Es kann auch mit kleineren Gruppen parallel gespielt werden, wobei dann jede Gruppe jeweils eine Liste und verschiedene Nummern benötigt.

Spielvariante 2: Wenn die Zahlen bis 100 bekannt sind, können die Ziffern auch als 10er-Zahlen genannt werden.

Number relay / Board race

32

▸ Bewegung	Redemittel: Zahlen von 1 bis 12	Material: Tafel

Die Kinder werden in zwei Gruppen aufgeteilt. Jede Gruppe steht in einer Schlange möglichst weit von der Tafel entfernt, wobei beide Gruppen denselben Abstand zur Tafel haben.
Jedes Kind in der Gruppe erhält eine Zahl. Sie wird zu Beginn des Spiels durch Abzählen einmal laut bekannt gegeben.
Auf ein Startzeichen hin sagt das erste Kind seine Ziffer (= *one*), läuft an die Tafel und schreibt die Ziffer an. Sobald es das nächste Kind abschlägt, sagt dieses die nächste Zahl (= *two*), läuft zur Tafel und schreibt seine Ziffer an. So geht es immer weiter, bis die Ziffern von 1 bis (max.) 12 an der Tafel stehen (die höchste Zahl richtet sich nach der Gruppengröße).
Vergisst ein Kind, vor dem Loslaufen seine Zahl zu sagen, muss es sich hinten anstellen. Das nächste Kind sagt dann seine Zahl (in diesem Beispiel *three*) und das Vorgehen wiederholt sich. An der Tafel muss Platz für die fehlende Zahl gelassen werden. Das Kind mit *„two"* kommt erst wieder zum Einsatz, wenn alle anderen Zahlen abgearbeitet sind. Wenn es seine Zahl dann nach dem Ansagen anschreibt, muss es darauf achten, dass es die Ziffer an der richtigen Stelle einträgt.

Jumping the line

33

▶ Hörverstehen	Redemittel: Einfache Aussagesätze bzw. *Yes-/No-questions*	Material: (Spring-)Seil

Die Lehrkraft legt ein (Spring-)Seil in der Klasse (oder auf dem Schulflur) aus.
Die Kinder stellen sich alle auf einer Seite des Seils hintereinander auf. Sie stehen so zum Seil, dass alle mit einem seitlichen Sprung auf die andere Seite des Seils gelangen können. Die Lehrkraft formuliert den ersten Satz, z. B.: *„Today it's rainy."* Stimmt die Aussage, bleiben die Kinder stehen. Ist die Aussage falsch, müssen die Kinder auf die andere Seite des Seils springen. Es folgt dann die nächste Frage. Jedes Mal, wenn die Antwort falsch ist, müssen die Kinder auf die andere Seite des Seils springen.

Sobald das Spielprinzip verstanden wurde, wird das erste Kind in der Reihe zum Spielleiter und formuliert eine Ja-/Nein-Frage. Ist diese beantwortet, stellt es sich nach hinten in die Reihe und das nächste Kind am Anfang der Reihe wird zum Spielleiter. Auf diese Weise erhalten alle Kinder eine Gelegenheit, eine Frage zu formulieren.

I spy with my little eye

34

▶ Wahrnehmung ▶ Wortschatzwiederholung	Redemittel: *I spy with my little eye something …* Farbwörter, Adjektive, Verben	Material: –

Dieses auch im englischen Sprachraum altbekannte Spiel eignet sich gut dazu, Kinder zum genauen Hinsehen zu motivieren und ihren Wortschatz zu festigen.

Ein Kind formuliert die Suchaufgabe: *„I spy with my little eye something …"*
Die herkömmliche Spielversion sieht hier die Angabe einer Farbe vor. Es kann aber auch individuell abgewandelt werden:
„… I can play with / write with / cut with / …"
„… that is big/small/old/new/…"
„… that belongs to …"
Das Kind, das den gesuchten Gegenstand zuerst errät, stellt die nächste Rätselaufgabe.

Echo

35

▶ Konzentration ▶ Wortschatzwiederholung ▶ Chorisches Sprechen	Redemittel: Einzelwörter Kurze Phrasen und Sätze	Material: –

Die Klasse wird in vier Gruppen aufgeteilt. Jede Gruppe überlegt sich drei bis fünf Wörter bzw. kurze Phrasen oder Sätze, die später einzeln in der Gruppe gesprochen werden. Gruppe 1 startet und ruft das erste Wort laut in die Klasse. Gruppe 2 wiederholt es etwas leiser als Echo, dann folgt Gruppe 3, zum Schluss Gruppe 4. Im Gegensatz zu einem echten Echo, dass im Laufe der Zeit die Schallwellen nicht mehr komplett weitergibt, wird bei diesem Echo das Wort, die Phrase oder der Satz vollständig wiederholt. Allerdings ist es die Aufgabe der Gruppen, immer ein wenig leiser zu werden. Sobald das Echo durch alle Gruppen „gelaufen" ist, ruft die nächste Gruppe ein neues Wort in die Runde.

Spielvariante: Dieses Spiel kann auch in Kombination mit Flashcards gespielt werden. Die Echowörter müssen dann aus dem Pool der Flashcards gewählt werden und ein Kind der Gruppe, die als Letztes das Echo spricht, muss die passende Karte aus dem Pool auswählen.

Choir game (Choral repetition)

36

▶ Konzentration ▶ Chorisches Sprechen	Redemittel: Einzelwörter	Material: –

Der Spielleiter spricht ein Wort, eine Phrase oder einen kurzen Satz vor, die Klasse wiederholt diesen, wobei alle gleichzeitig, laut und deutlich sprechen.

Besonders lustig wird dieses Spiel, wenn mit verstellter Stimme gesprochen wird (*like Mickey Mouse, a bear, a roaring lion, a tiny mouse, a grumpy old lady/man, a shy school girl/boy, …)*

Auch rhythmisches Sprechen in Form eines Rap motiviert zum Nachsprechen – hier sind der Fantasie keine Grenzen gesetzt.

Hinweis: Einzelne Kinder lieben es förmlich, bei diesem Spiel Vorsprecher zu sein und werden gern kreativ. Dies gilt es durchaus auszunutzen ☺.

King/Queen of the world

37

▶ Assoziation ▶ Wortschatzwiederholung	Redemittel: Farbwörter	Material: –

Die Kinder stellen sich in zwei Reihen links und rechts vom Spielleiter auf. Anfangs übernimmt diese Rolle die Lehrkraft. Wenn das Spiel dann hinreichend bekannt ist, kann auch ein Kind Spielleiter sein.

Der Spielleiter nennt eine Farbe. Das erste Kind in jeder Reihe versucht, möglichst schnell ein Wort zu nennen, das diese Farbe als besonderes Merkmal trägt (d. h. kein Auto, Buntstift usw.). Wem dies zuerst gelingt, stellt sich wieder hinten in die Reihe. Das andere Kind muss sich hinsetzen. Am Ende ist das Kind, das übrig bleibt, *King/Queen of the world.*

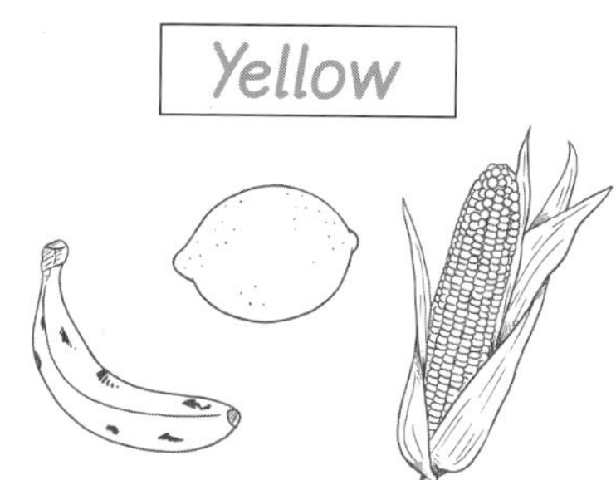

<u>Spielvariante</u>: Dieses Spiel lässt sich auch mit anderen Themen spielen, z. B. können Bildkarten gezeigt, einzelne Buchstaben als Anfangsbuchstaben genannt (vorausgesetzt, das englische Alphabet ist bekannt) oder einfache Fragen (z. B. *classroom phrases*) formuliert werden.

Odd one out

38

▶ Kategorisierung ▶ Wortschatzwiederholung	Redemittel: Einzelwörter	Material: –

Der Spielleiter nennt vier Wörter – eines davon passt nicht in die Kategorie, die er sich überlegt hat, z. B. *dog, cat, pencil, rabbit („pencil“* ist *„the odd one“*, weil es nicht in die Kategorie *„pets“* passt).
Es werden mehrere Kinder um eine Antwort gebeten, bevor die Lösung bestätigt wird: *„What do you say/think?“, „What's the odd one for you?“* Dadurch haben zum einen mehrere Kinder die Möglichkeit, ihr Wissen zu zeigen, zum anderen erhalten schwächere Kinder die Gelegenheit, das Wort nachzusprechen.
Sobald die Spielform in der Klasse bekannt ist, kann auch ein Kind die Rolle des Spielleiters übernehmen bzw. die Rolle des Spielleiters unter den Kindern wechseln.

<u>Spielvariante 1</u>: Dieses Spiel kann auch als Wettbewerb zwischen zwei Teams gespielt werden.

<u>Spielvariante 2</u>: Wenn das Spiel bekannt und die Schriftsprache eingeführt ist, können einzelne Kinder auch schriftlich Spielbögen für die Klasse vorbereiten. *„The odd one“* muss dann in einer Reihe von Wörtern durchgestrichen werden.

Give me 5

39

▸ Wortschatzwiederholung	Redemittel: Einzelwörter	Material: –

Die Lehrkraft gibt ein Thema vor, die Kinder müssen passend dazu fünf Begriffe nennen, z. B.:
fruits: *apple, banana, orange, lemon, cherry, …*
pets: *dog, cat, hamster, budgie, rabbit, …*
school things: *ruler, book, folder, schoolbag, pencil, …*
clothes: *shirt, dress, pullover, coat, hat, …*

Dieses Spiel kann auch in zwei Gruppen gegeneinander gespielt werden, ggf. auch in Kombination mit der Spielidee 37 „King/Queen of the world".

Ready – steady – go!

40

▸ Konzentration ▸ Wortschatzwiederholung	Redemittel: Einzelwörter	Material: –

Es werden Gruppen von vier bis fünf Schülern gebildet. Jede Gruppe erhält einen Oberbegriff, zu dem sie innerhalb von 30 Sekunden möglichst viele Wörter nennen soll. Dafür stellen sich die Kinder nebeneinander auf. Jedes Gruppenmitglied muss nach dem Startsignal einen Begriff sagen, wobei die Kette mehrfach durchlaufen werden kann. Weiß jemand keinen Begriff, sagt er das Wort *„pass"* und das nächste Gruppenmitglied darf sprechen.

Geeignete Oberbegriffe sind u. a.: *colours, pets, clothes, at the zoo/farm, at school, …*

Spielvariante: Das Spiel wird etwas weniger stressig für die Kinder, wenn die Wörter vorher genannt werden und sich jede Gruppe ca. zwei Minuten auf das Spiel vorbereiten darf.

Memory buzz

41

▶ Gedächtnisschulung ▶ Einzelwörter	Redemittel: Einzelwörter *In the classroom, I see a(n) …*	Material: –

Die Lehrkraft gibt einen Satz vor, der von den Kindern der Reihe nach um jeweils ein Wort ergänzt werden soll, z. B.:

T: In the classroom, I see a desk.
P1: In the classroom, I see a desk and a poster.
P2: In the classroom, I see a desk, a poster, and a schoolbag.
P3: In the classroom, I see a desk, a poster, a schoolbag, and …

Das Kind, das sich nicht erinnern kann oder einen Fehler macht, setzt sich und scheidet in dieser Spielrunde aus.
Andere Satzanfänge können sein: *At the zoo … On the farm … At home … In the clothes shop … At the supermarket …*

Hinweis: Für eine bessere Gedächtnisleistung ist ein Stuhlkreis hilfreich.

Jeopardy

42

▶ Wortschatzwiederholung	Redemittel: Einzelwörter *(classroom) phrases*	Material: Tafel

Der Spielleiter zeichnet ein klassisches *„jeopardy board“* an die Tafel, wobei die Themen und die Punkteverteilung individuell variiert werden können, z. B.:

school	body	animals	clothes
10	10	10	10
15	15	15	15
25	25	25	25
50	50	50	50

Die Klasse wird in bis zu vier Teams aufgeteilt und jede Gruppe erhält die Möglichkeit, ein Thema und die Punktezahl zu wählen. Wird die Frage, die sich dahinter verbirgt, richtig beantwortet, erhält die Gruppe die entsprechende Anzahl an Punkten. Unabhängig davon, ob die Frage richtig oder falsch beantwortet wurde, wählt das nächste Team im Anschluss eine neue Frage.

Hinweis: Der Spielleiter sollte darauf achten, dass die Fragen mit den höheren Punktezahlen auch deutlich komplexer sind. Die Fragen lassen sich von den Schülern ggf. während der Freiarbeit vorbereiten, können gesammelt und dann immer wieder verwendet werden.

Blindfold conversation

43

▸ Wahrnehmung	Redemittel: Einfache Fragen und Antworten	Material: Tuch

Die Klasse bildet einen Stuhlkreis. Ein Kind steht in der Mitte. Ihm werden die Augen verbunden und es wird anschließend ein paar Mal um die eigene Achse gedreht. Dabei streckt es einen Arm aus. Das Kind, auf den der Arm am Ende zeigt, ist der Gesprächspartner. Durch Fragen versucht das Kind mit den verbundenen Augen herauszufinden, um wen es sich dabei handelt: *„Hello! How are you? Where are you from? …“* Die Gesprächspartner sollten nach Möglichkeit in normaler Stimmlage antworten.

Simon says

44

▸ Konzentration ▸ Bewegung ▸ Hörverstehen	Redemittel: *Touch your …*	Material: –

Der Spielleiter gibt den Kindern, die alle für dieses Spiel stehen, Kommandos. Diese dürfen aber nur ausgeführt werden, wenn sie mit den Wörtern *„Simon says“* beginnen, d. h. bei dem Kommando *„Touch your toes!“* dürfen sich die Kinder nicht bewegen, bei *„Simon says: Touch your toes!“* müssen die Kinder die Bewegung ausführen. Kinder, die an der falschen Stelle die Bewegung ausführen – oder eben auch nicht – scheiden aus.

Ist der Spielablauf bekannt, kann auch ein Kind die Rolle des Spielleiters übernehmen.

Spielvariante: Im Laufe der Zeit können die Kommandos auch über das Anfassen von Körperteilen hinausgehen, z. B.: *„Jump up and down!“, „Stand on your chair!“, „Shake hands with your neighbour!“ usw.*

Robot game

45

▸ Bewegung ▸ Hörverstehen	Redemittel: Richtungsangaben	Material: –

Die Kinder spielen paarweise: Ein Kind agiert als Roboter, das andere Kind als „Schaltstelle" (*switchboard*), d. h., es gibt die Anweisungen. Der Roboter und seine Schaltstelle gehen relativ dicht nebeneinander im Klassenraum umher.
Zu Beginn des Spiels werden im Klassenverband noch einmal die Richtungsangaben wiederholt (*„Go straight (ahead)!", „Turn left!", „Turn right!", „Stop!"*). Anschließend führt die Schaltstelle ihren Roboter durch den Raum. Wichtig dabei ist, dass der Roboter keinen Gegenstand und auch keine andere Person berühren darf. Nach zwei bis drei Minuten werden die Rollen getauscht.

Spin the bottle

46

▸ Bewegung ▸ Hörverstehen	Redemittel: Bewegungsanweisungen	Material: –

Alle Kinder sitzen oder knien im Kreis auf dem Boden. Ein Kind beginnt und gibt eine Anweisung (*instruction, command*). Anschließend dreht es die Flasche, die in der Mitte des Kreises liegt.
Das Kind, auf welches der Flaschenhals zeigt, muss die Anweisung ausführen. Hat es die Tätigkeit richtig umgesetzt, gibt es selbst eine neue Anweisung und dreht die Flasche. War die Antwort falsch, gibt das Kind ein Pfand ab. Am Ende muss der Spielleiter versuchen, mithilfe von Fragen und Antworten die Pfandstücke zurückzugeben (*„Whose is this?" – „The … belongs to …"; „Do you know who has got this …?" – „It's …'s"*).

Ideen für Anweisungen: *„Jump up and down!", „Do a jumping jack!", „Stand on a chair!", „Sit under the table!", „Draw a cat on the board!", „Open the door!", „Put your schoolbag behind the board!" …*

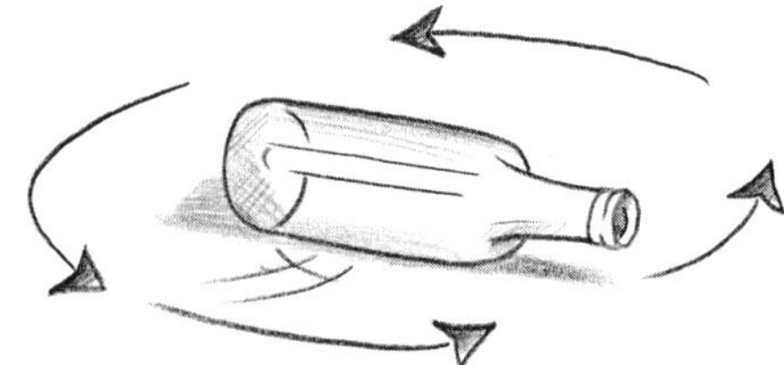

Charades

47

▸ Bewegung ▸ Wortschatzwiederholung	Redemittel: Einzelwörter *(classroom) phrases*	Material: ggf. Flashcards

Die Klasse wird in zwei Gruppen geteilt, die sich jeweils links und rechts vom Spielleiter hinstellen. Der erste Spieler aus jeder Gruppe kommt zum Spielleiter. Dieser flüstert den beiden ein Wort oder einen Satz zu (oder zeigt es ihnen auf einer Flashcard) und beide Kinder müssen dies dann pantomimisch darstellen. Die Gruppe, die das Gesuchte am schnellsten errät, erhält einen Punkt.

Hinweis: Es bietet sich bei diesem Spiel an, auf die Darstellung von Verben („*I am sleeping/eating/doing homework …*") oder Adjektiven („*I am sad/hungry/tall …*") zurückzugreifen.

Gotcha!

48

▸ Reaktionsschnelligkeit ▸ Bewegung	Redemittel: *classroom phrases* (leichte) Fragen und Antworten	Material: Ball Timer

Die Kinder stehen im Kreis. Ein Ball wird hin- und hergeworfen oder herumgereicht. Im Hintergrund läuft eine Stoppuhr. Sobald diese ertönt, stellt der Spielleiter eine Frage, die das Kind, das in diesem Moment den Ball hält, sofort und spontan beantworten muss (*Gotcha!* – Erwischt!). Gelingt ihm dies, geht das Spiel weiter, d. h., die Stoppuhr wird neu gestellt und der Ball erneut geworfen bzw. herumgereicht. Gelingt es dem Kind nicht, spontan eine passende Antwort zu finden, scheidet es aus.

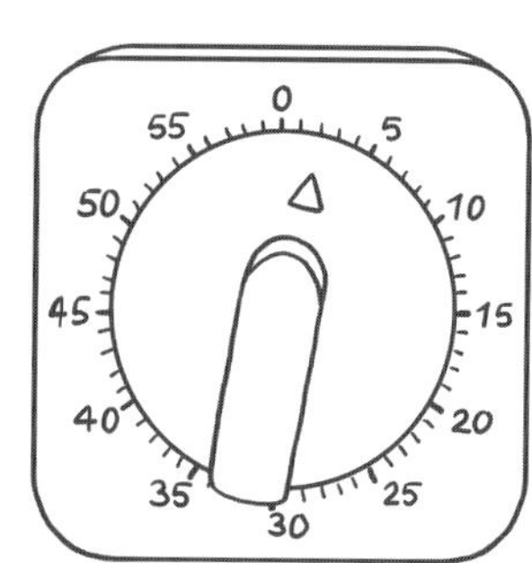

Hinweis: Das Spiel kann auch allein vom Spielleiter kontrolliert werden, d. h., er steht mit dem Rücken zum Kreis und bestimmt, wann das Werfen unterbrochen und die Frage gestellt wird.

Questions and answers

49

▶ Dialogschulung	Redemittel: *classroom phrases* (leichte) Fragen und Antworten	Material: evtl. Ball

Jedes Kind überlegt sich zu Beginn eine Alltagsfrage, z. B.: *„How old are you?“, „What colour is …'s T-shirt?“, „What is your sister's name?“, „Have you got a pet?“ …*
Die Lehrkraft startet die Sprechkette, indem sie dem ersten Kind eine Frage stellt. Dieses antwortet und nutzt dann die Frage, die es sich anfangs überlegt hat, um sie dem nächsten Kind zu stellen.

Hinweis: Es bietet sich an, dieses Spiel zunächst der Reihe nach zu spielen, also so, dass die Kinder in einer vorher bestimmten Abfolge (z. B. von einem Sitznachbarn zum nächsten) ihre Frage stellen. Später kann dann der Fragensteller ein Kind aufrufen.

Spielvariante: Die Kinder stehen im Kreis und werfen dem Kind, dem sie die Frage stellen wollen, einen Ball zu.

Shopping game

50

▶ Dialogschulung	Redemittel: *What would you like? –* *I'd like a(n) …* *Can I have the …? –* *Here you are.* *Thank you. – You're welcome.*	Material: Korb mit verschiedenen Gegenständen

Die Lehrkraft hat einen Einkaufskorb mit verschiedenen Einkäufen vorbereitet, z. B. Schulgegenstände, Obst und Gemüse (aus Plastik), Lebensmittel (Spielzeugversion) …
Sie geht zu einzelnen Kindern und führt mit ihnen einen Einzeldialog durch. In der ersten Runde wählt das Kind auf die Frage der Lehrkraft einen Gegenstand aus dem Korb aus (*„What would you like?“*), in der zweiten Runde erbittet die Lehrkraft die Gegenstände zurück (*„Can I have the …?“*).
Die Rolle der Lehrkraft kann auch von einem Kind übernommen werden.

Fruit salad

51

▶ Bewegung ▶ Wortschatzwiederholung	Redemittel: Einzelwörter	Material: –

Die Kinder sitzen im Stuhlkreis, der Spielleiter steht in der Mitte. Gemeinsam verabredet die Gruppe fünf Obstsorten, die für die Spielrunde genutzt werden sollen.
Anschließend flüstert der Spielleiter jedem Kind eine der fünf Obstsorten zu, wobei mindestens drei Kinder dieselbe Obstsorte gesagt bekommen müssen. Sie dürfen allerdings nicht nebeneinandersitzen.
Bei Spielbeginn sagt der Spielleiter eine der Obstsorten laut. Nun müssen die Kinder, denen diese Obstsorte zugeflüstert wurde, ihren Platz wechseln. Sobald sie dies tun, versucht der Spielleiter, sich auf einen der dadurch frei gewordenen Stühle zu setzen. Gelingt ihm dies, ist das Kind, das keinen Stuhl mehr hat, der neue Spielleiter. Gelingt es ihm nicht, nennt er eine andere Obstsorte, die zur Auswahl steht. Er kann auch „*fruit salad*“ sagen. Dann müssen alle Kinder den Platz wechseln, wobei sich allerdings niemand auf den Stuhl des Nachbarn setzen darf.

Spielvariante: Dieses Spiel kann auch auf andere Wortfelder übertragen werden, wobei dann immer ein Oberbegriff das Wort „*fruit salad*“ ersetzen muss (z. B. *school bag, pencil case, pet shop, wardrobe, …*), damit die Einzelwörter in einem Kontext stehen, der ein gemeinsames Stühlewechseln logisch macht.

Duck, duck, goose

52

▶ Bewegung ▶ Aussprache	Redemittel: Einzelwörter	Material: –

Die Kinder sitzen in einem Kreis auf den Boden (nicht auf Stühlen). Der Spielleiter geht um den Kreis herum und tippt dabei jedem Kind (vorsichtig!) auf den Kopf. Jedes Mal, wenn er einen Kopf berührt, sagt er „*duck*“. Sagt er aber „*goose*“, muss dieses Kind aufspringen und versuchen, den Spielleiter zu fangen, der im Kreis herumlaufend versucht, sich auf den Platz zu setzen, der frei geworden ist. Gelingt es dem Spielleiter, sich hinzusetzen, bevor ihn das andere Kind fangen konnte, ist dieses Kind der neue Spielleiter. Wird der Spielleiter gefangen, muss er eine neue Runde gehen.

Hinweis: Dieses Spiel kann auch mit anderen Wörtern gespielt werden, um besondere Aussprachephänomene bewusst zu machen, z. B. Länge des Vokals (*duck – dog, foot – food …*) oder An- bzw. Auslaute (*house – mouse, cat – car …*)

Tic tac toe (Noughts and crosses)

53

▸ Konzentration	Redemittel: *I use noughts/crosses.* *You start. / I start.* *You won. / I won.*	Material: Papier Stift

Bei diesem Spieleklassiker spielen immer zwei Spieler abwechselnd. Es geht darum, abwechselnd Kreuze (*crosses*) bzw. Kreise oder Nullen (*noughts*) auf einem 3x3-Feld so zu platzieren, dass drei gleiche Zeichen in einer Reihe stehen.

Zu Beginn verständigen sich die beiden Spieler darauf, wer welches Zeichen verwendet.

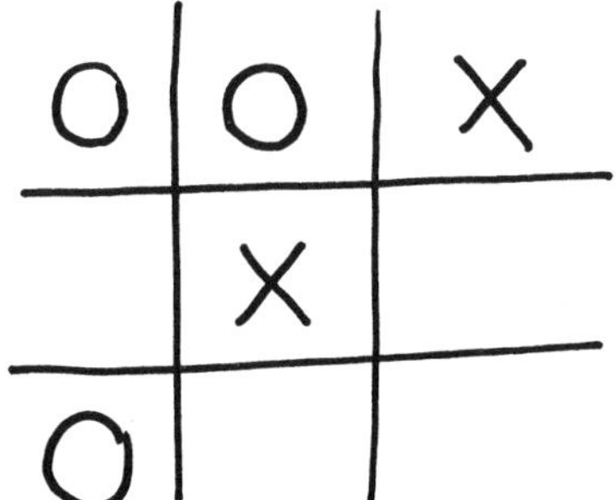

English all around us

54

▸ Bewegung ▸ Wahrnehmung ▸ Alltagswortschatz	Redemittel: *I've/We've got … words.* *I found / We found …* *(words).*	Material: Papier Stift

Die Kinder erhalten den Suchauftrag, in der Schule (oder einem zu bestimmenden Umfeld), möglichst viele Wörter zu finden, die englisch bzw. englischen Ursprungs sind. Meistens finden sich an vielen (technischen) Geräten, aber auch an Kleidung, als Aufdruck auf Taschen usw. englische Begriffe. Die Kinder schreiben das Wort ab und notieren auch, wo sie es gefunden haben. Anschließend werden die Begriffe in der Klasse vorgestellt.

Hinweis: Wenn die Möglichkeit besteht, ist es auch sehr motivierend, die Kinder die Gegenstände (und damit die Wörter) mit einem Tablet oder einer Kamera fotografieren zu lassen.

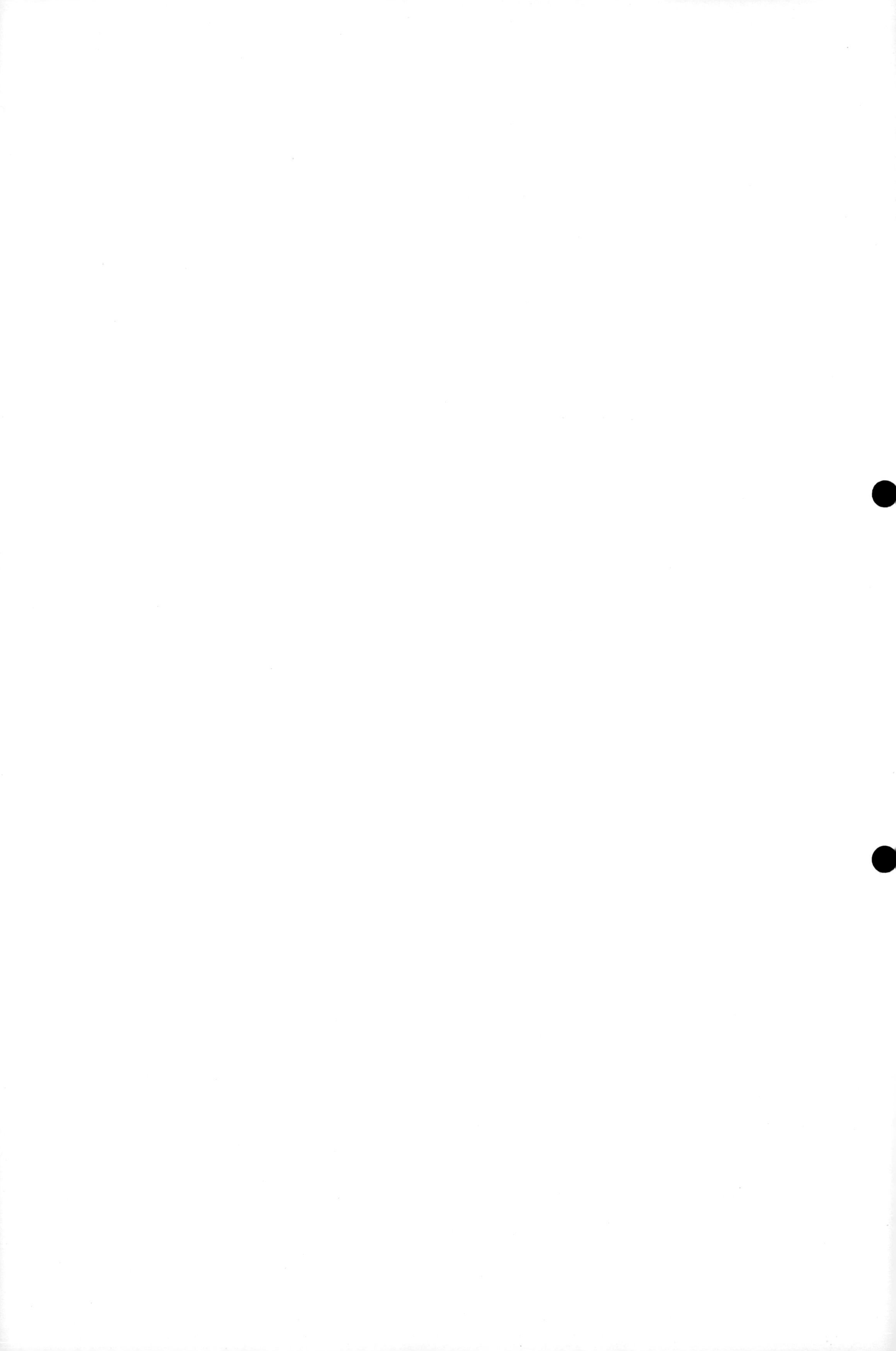